Denny Ehrlich

# Geld für Alle! Der Weg aus der Entwicklungsmisere?

## Das bedingungslose Grundeinkommen in Namibia

GRIN Verlag

**Bibliografische Information der Deutschen Nationalbibliothek:**

Die Deutsche Bibliothek verzeichnet diese Publikation in der Deutschen National-
bibliografie; detaillierte bibliografische Daten sind im Internet über http://dnb.d-
nb.de/ abrufbar.



**Impressum:**

Copyright © 2010 GRIN Verlag, Open Publishing GmbH
Druck und Bindung: Books on Demand GmbH, Norderstedt Germany
ISBN: 978-3-640-89691-2

**Dieses Buch bei GRIN:**

http://www.grin.com/de/e-book/170709/geld-fuer-alle-der-weg-aus-der-entwick-
lungsmisere

Friedrich-Alexander-Universität Erlangen-Nürnberg

Institut für Geographie

HS: Geographische Entwicklungsforschung

Wintersemester 2009/2010

# Geld für Alle? Der Weg aus der Entwicklungsmisere?

Das bedingungslose Grundeinkommen in Namibia

Vorgelegt von:

Denny Ehrlich

Politikwissenschaft (HF, Dipl)

Kulturgeographie (Wahlpflichtfach)

7.Fachsemester

# Inhalt


1. Einführung ................................................................................................................ 2

2. Namibias politische und sozioökonomische Situation ............................................... 4

3. Das Grundeinkommen in Otjevero/Namibia .............................................................. 9

    a. Auszahlungsmethodik ............................................................................................ 10

    b. Der Teufelskreis der Armut ................................................................................... 10

    c. Hunger ................................................................................................................... 11

    d. Alkohol/ Kriminalität ............................................................................................ 12

    e. Gesundheit/HIV-Aids ............................................................................................. 13

    f. Bildung .................................................................................................................... 14

4. Ist eine Kopplung der Konzepte des Grundeinkommens und der Mikrofinanzierung möglich? .. 15

5. Der Lebensweg des Grundeinkommens in Namibia... Ist eine Umsetzung möglich? Abschließende Betrachtung ......................................................................................... 17

Literaturverzeichnis ........................................................................................................ 21

# 1. Einführung

„Hilfe zur Selbsthilfe" – eine Formel die zunehmend Einzug in die Entwicklungspolitik hält und zumeist mit der Kritik einhergeht, dass die Entwicklungspolitik der westlichen Geberländer sich in der Vergangenheit in vielen Fällen eher als entwicklungshemmend statt entwicklungsfördernd erwies.[1]

Das Hauptanliegen von Entwicklungshilfe ist die Beseitigung der absoluten Armut und die Schaffung von Grundbedürfnissen, die dem Menschen ein würdevolles Leben garantiert.[2]

Reelle, internationale Zielvorgaben hat sich die internationale Staatengemeinschaft mit den Millenium Development Goals auf dem Millenium-Gipfel 2000 in New York gesetzt, wonach nicht nur die absolute Armut bis ins Jahr 2015 halbiert werden soll, sondern sich die Entwicklungsstaaten auch zur Bereitstellung von Grundversorgungsleistungen in den Bereichen Bildung und Gesundheit verpflichten.

Zur langen Liste dieser Staaten gehört auch das südafrikanische Land Namibia, dass laut www.mdgmonitor.org, keines der MDGs erfüllen wird, wenn sich nicht kurzfristige Änderungen ergeben, die das Land in eine andere Richtung lenken.

Die primäre Fürsorgepflicht liegt beim Staat und die Wohlfahrtsfunktion ist eine von ihm zu erfüllende Kernfunktion.[3] Bisher ist Namibia eher dem Leitcredo des sozial-libertärem Gesellschaftsphilosophen von Hayek gefolgt, wonach der Markt zur Regelung der Gesellschaft führt.[4] Diese in Verbund mit dem Subsidiaritätsprinzip gerichtete Sichtweise muss aber stark angezweifelt werden, da gerade in Namibia die Existenz des „Teufelskreises der Armut"[5] ein Umdenken erfordert. Das Geld unter den Ärmsten kann lediglich zur Überlebenssicherung dienen und reicht nicht aus, um in den „Wert" der Arbeit zu investieren. Zudem kann auch die verwendete Zeit zum Großteil nur für die tägliche Lebenserhaltung verwendet werden. Für eine Volkswirtschaft ist eine solche Armutsspirale zumeist ebenfalls ein Verlustgeschäft, da die Menschen in schwerwiegender Armut keine Steuerleistungen aufbringen können.

Deswegen befasst sich diese Arbeit mit einem Konzept, dass nationalstaatlich flächendeckend eingeführt, sich vielleicht schon bald als Alternative zum bismarckschen System sozialer Absicherung

---

[1] Unter anderem im deutschsprachigen Raum populär: *Seitz, Volker* (2010): Afrika wird armregiert.
[2] Schubert/Klein 2005: 89
[3] Schneckener, in Ferdowsi 2007: 370
[4] Merkel/Krück
[5] Sachs 2005: 75

und gleichzeitig als Heilmittel gegen die flächendeckende Armut erweisen könnte: Das bedingungslose Grundeinkommen.

Vom 01. Januar 2008 bis zum 31.Dezember 2009 initiierte die Grundeinkommenskoalition *Basic Income Granted Namibia*, kurz „Bignam" ein weltweit bisher einzigartiges Pilotprojekt, bei dem jeder Einwohner der eintausend Seelen Gemeinde Otijvero im Landkreis Omitara in Namibia, der sich im Alter von 16 bis 60 Jahren befindet, ein Grundeinkommen im Wert von 100 Namibia Dollar pro Monat, umgerechnet rund 9,35€,[6] erhält.[7]

Ein Grundeinkommen ist ein Einkommen, das bedingungslos jedem Individuum, das Mitglied einer politischen Gemeinschaft ist, ausgezahlt wird. Das heißt, es ist von der Erwerbstätigkeit abgekoppelt und wird unabhängig von Familienstand, Einkommenslage des Haushaltes oder anderweitigen Umständen gezahlt. Als große, mögliche Errungenschaften werden dabei der Bürokratieabbau sowie die Einsparung von Verwaltungskosten ins Feld geführt. Ein weiterer Punkt setzt bei der sozialmoralischen Stellung des Individuums an. Da das Grundeinkommen unabhängig von der Bedürftigkeit an alle gezahlt wird, ergeben sich exklusive der ungleichen Vorbedingungen bei einer Einführung des bedingungslosen Grundeinkommens, gleiche bzw. ähnliche „Startbedingungen" für die Mitglieder einer Gemeinschaft.[8]

Im ersten Abschnitt erhält der Leser einen Einblick in die sozioökonomischen und strukturellen Gegebenheiten des Staates Namibia. Hierbei wird aufgezeigt, warum sich gerade Namibia für die Einführung eines solchen Projektes eignet, dessen Zielsetzung die Einführung des Grundeinkommens auf gesamtstaatlicher Ebene ist.

Im zweiten Abschnitt werden die Ergebnisse des abgeschlossenen Pilotprojekts in Namibia vorgestellt. Es soll deutlich gemacht werden, inwieweit sich die Gesamtlebensumstände der Menschen des Dorfes verbessert haben und so der Armutskreislauf mit Hilfe des Projekts durchbrochen werden konnte.

Im dritten Abschnitt wird neben dem Resümee auch auf eine mögliche Verkoppelung des Grundeinkommenskonzeptes mit dem global derzeit äußerst populären Konzept der Mikrofinanzierung eingegangen.

---

[6] Wechselkursstand Namibische Dollar und Euro vom 28.04.2010, gefunden auf: www.wechselkurse.de
[7] www.bignam.org
[8] Lessenich 2009: 21f.

Im abschließenden Teil wird neben einem Resümee auch die Debatte um die gesamtstaatliche Einführung des Grundeinkommens auf Grundlage des Otjivero-Projektes in Namibia dokumentiert. Hier bei stellt sich die Frage in welchem Stadium sich das Land politisch hinsichtlich der Einführung befindet.

## 2. Namibias politische und sozioökonomische Situation

Namibia konnte am 21.März 2010 seine 20 jährige Unabhängigkeit[9] feiern und gehört, gemessen am gesamtafrikanischen Durchschnitt, zu den stabileren politisch-demokratischen Staaten. Dies lässt sich in Zahlen auf der Vergleichsbasis international gültiger Indices darstellen. Zur Veranschaulichung verwende ich in diesem Feld den „Failed States Index"[10], der jährlich vom privaten Think-Tank der politisch unabhängigen Stiftung „Fund for Peace" veröffentlicht wird und die staatliche Stabilität anhand von 12 Einflussfaktoren bemisst, den Bertelsmann Transformations Index[11], der den Entwicklungsstand von 128 Entwicklungs- und Transitionsländern hinsichtlich ihres politischen und wirtschaftlichen Werdegangs vergleicht, den Freedomhouse Index[12], der als unabhängiges, weltweit agierendes Überwachungsgremium die Staaten in Hinblick auf die Komponente der Demokratie und der Einhaltung der Menschenrechte bzw. der Freiheitsrechte beurteilt und schließlich die  von der Weltbank veröffentlichten Governance-Indikatoren[13], welche die Regierungsführung eines Landes in 6 Teilbereichen abbilden.[14]

| | Platz | Wert | Untersuchungs-zeit |
|---|---|---|---|
| **Failed States Index**[15] | 96/177 | 75.6 (warning) | 2009 |
| **Freedom House Index**[16] | 57/193 | 2/2 Free | 2009 |
| **BTI**[17] Politische Transformation Managementleistung | 34/129 29/129 | Fortgeschritten Erfolgreich | 2010 |

Eigene Darstellung

---

[9] Weiland 2010: 38

[10] http://www.fundforpeace.org/web/index.php?option=com_content&task=view&id=99&Itemid=323

[11] http://www.bertelsmann-transformation-index.de/

[12] http://www.freedomhouse.org/

[13] http://info.worldbank.org/governance/wgi/index.asp

[14] Aufgrund der Umfangsbeschränkung dieser Arbeit werde ich nicht genauer auf die Methodik der einzelnen Indices eingehen. Die Übersicht über die Einzelmessungen und die Herleitung dieser Messwerte können aber den Quellseiten im Internet entnommen werden.

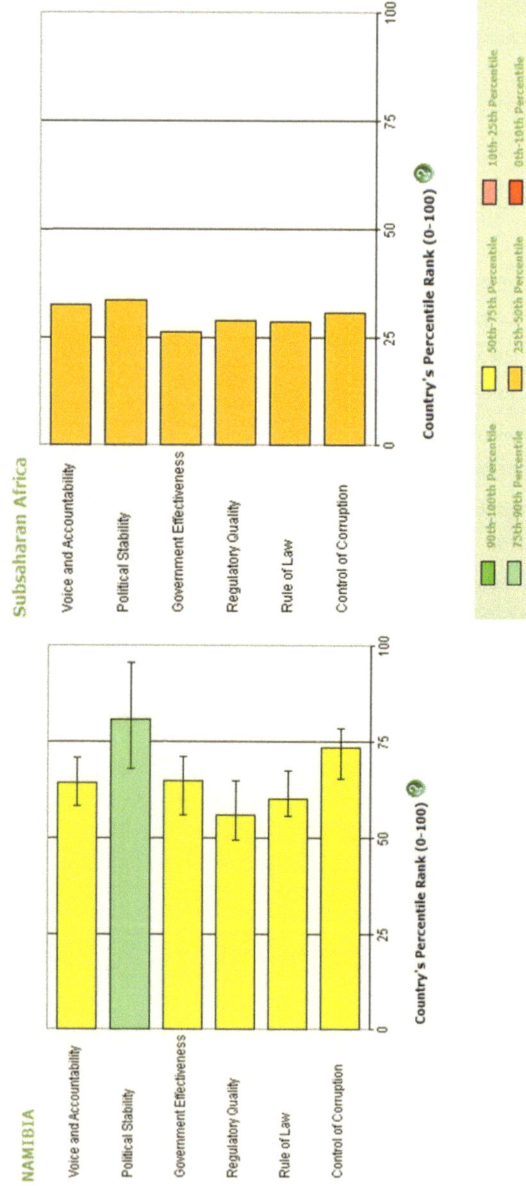


Eigene Gegenüberstellung, nach info.worldbank.org/governance/

Namibia gilt *de facto* gesehen als *one-party-dominant-System,* da seit Bestehen des Staates die Befreiungsbewegung der South African Peoples Organisation (SWAPO) die regierungsführende Partei im Land ist.[15] Als Dekolonisationspartei und als Partei, die sich vor allem aus den Mitgliedern der ethnischen Mehrheitsbevölkerung *Ovambo* konstituiert, gibt es keine Anzeichen für einen demokratischen Machtwechsel im Land. Hinzu kommt die Unfähigkeit der Oppositionsparteien, eine geeignete Gegenkraft im Land aufzustellen, was sich aus der Profillosigkeit und innerparteilichen Streitigkeiten herleiten lässt.[16]

Die sozioökonomische Verfassung des Staates lässt jedoch mutmaßen, dass mit dem Abflauen des dekolonialen Siegeszuges der SWAPO zukünftig durchaus Reformbewegungen in Gang gesetzt werden können, die auf die Verbesserungen der sozialen Lage in Namibia abzielen. Mit Blick auf die wirtschaftlichen Rohdaten gehört das großflächige und einwohnerschwache Namibia zu einem prosperierenden Land mit positiven Wachstumszahlen[17] und einem Bruttoinlandsprodukt von 6.400US\$ pro Kopf[18], wodurch es nach den Einstufungen der Vereinten Nationen als „middle income-country" klassifiziert wird. Jedoch täuscht das alleinige Betrachten dieser Rohdaten über die reellen Lebensumstände in Namibia hinweg, wenn nicht gleichzeitig auch die Verteilung des Reichtums im Land betrachtet wird. Unter Berücksichtigung des GINI-Koeffizienten, der als solcher die Ungleichverteilung von Einkommen und Wohlstand bemisst, nimmt das Land weltweit den letzten Rang ein und gilt demnach als Staat mit der größten Kluft zwischen arm und reich. Die besondere Situation für Namibia ergibt sich dabei aus seiner Kolonialerfahrung, da es immernoch eine Minderheit europäischer Farmer gibt, die aber die Mehrheit der Volkseinnahmen erwirtschaften. Entsprechende Landreformen, wie der *Commercial Land Reform Act* zur Umverteilung der Landbesitztümer zugunsten der schwarzen Mehrheitsbevölkerung sind vorhanden, laufen aber gemächlich ab.[19] Ein Grund dafür ist auch das Negativbeispiel des südafrikanischen Partnerstaates Simbabwe, dessen verfehlte bzw. nicht-getätigte Landreformen das Land in den wirtschaftlichen Ruin getrieben haben.

Zusammen mit den Farmern bilden auch die Fischereien und der Bergbau das wirtschaftliche Rückgrat des Landes. Die Problematik besteht aber darin, dass diese gewinnbringenden Branchen wenig arbeitsintensiv sind bzw. wenige Arbeitsplätze offerieren. So lebt ein Großteil der Namibier von der landwirtschaftlichen Subsistenzwirtschaft bei einer Arbeitslosenrate von insgesamt über

---

[15] http://www.fesnam.org/pdf/pre2006/reports_publication/Namibia_Parteien05.pdf
[16] Afrikapost 1/2010: 40
[17] 4% im Jahr 2010 und weitere 4%, die für das Jahr 2011 erwartet werden
[18] https://www.cia.gov/library/publications/the-world-factbook/geos/wa.html
[19] Weiland 2010: 42

35%. Dies wirft gerade für den Modernisierungsprozess und die Konstituierung des Staates große Probleme auf, da erst Menschen ab 60 Jahren in Namibia staatliche Transferleistungen erhalten und so eine Vielzahl der Menschen aufgrund ihrer Arbeitslosigkeit in einer Überlebensökonomie verharren, die sich aus den Komponenten der Subsistenzwirtschaft, der Schattenwirtschaft oder der Kriminalität zusammensetzt.

Professor Dr. Heribert Weiland empfiehlt dem Staat den Ausbau des Dienstleistungssektors, der bis zum jetzigen Zeitpunkt bereits 50% aller Erwerbsformen ausmacht.[20] Der Staat selbst muss auf kaufkräftige Bürger verzichten, die auch keine steuerlichen Abgaben leisten können. Dies ist in Namibia vornehmlich eine ländliche Problematik und beläuft sich auf gesamtstaatlicher Basis auf eine Zahl von insgesamt 34,9 % der Gesamtbevölkerung, die von unter einem Dollar pro Tag leben und damit unter der absoluten Armutsgrenze liegen.[21]

Namibias Wirtschaftsbewertungen von entsprechenden Organisationen wie dem Internationalen Währungsfond, oder Indices wie dem BTI sind deshalb positiv, weil das Land jahrelang einen marktliberalen, angebotsorientierten Kurs verfolgt hat, der auf eine starke Außenhandelspolitik und eine massive Verbesserung der Infrastruktur abzielt. Durch zahlreiche Infrastrukturprojekte konnten auch meist viele arbeitslose Namibier in den Arbeitsmarkt eingebunden werden, allerdings nur temporär innerhalb der jeweiligen Laufzeit eines Bauprojekts. Namibias Sozialleistungsquote[22] ist selbst im Vergleich mit anderen jüngeren Demokratien gering, die nach den Äußerungen des Politikwissenschaftlers Manfred G. Schmidts zufolge, ohnehin verglichen mit älteren und auch alternden Demokratien weniger Sozialleistungen erbringen.[23]

Dennoch haben gerade demokratisch gewählte Regierungen auch einen immensen Wohlfahrtsdruck, da die Verbesserung der Lebensumstände innerhalb der eigenen Bevölkerung zur Hauptzielsetzung einer Regierung gehört und die Erreichung dieses Ziels sehr oft eine Wiederwahl garantiert.[24] Das wird in Namibia in Zukunft ausschlaggebender sein, da die ersten Wahlgenerationen heranwachsen, die nicht mehr in zwei Staaten gelebt haben.

Die Diskussion um die soziale Gerechtigkeit bildet schon heute einen der Hauptschwerpunkte in der öffentlichen Debatte des Landes. Wolfgang Merkel und Mirko Krück haben einen Begriff von sozialer Gerechtigkeit verfasst, der als eine Art Mutation des „aktivierenden" Gerechtigkeitsbegriffs von

---

[20] Weiland 2010: 44
[21] http://www.nationmaster.com/graph/eco_pop_und_1_a_day-economy-population-under-1-day
[22] Anteil der öffentlichen Ausgaben für Sozialleistungen, gemessen am Bruttoinlandsprodukt
[23] Schmidt, 2004: 43ff.
[24] Rüb, 2004: 11ff.

Amartya Sen und des „sozialliberalen" Begriffs John Rawls gesehen werden kann und hauptsächlich auf folgenden Prinzipien beruht[25]:

- Gleichverteilung des Zugangs zu den notwendigen Grundgütern für die individuell zu entscheidende Entfaltung von Lebenschancen.

- Stärkung der individuellen Fähigkeiten (capabilities), die persönliche Autonomie,Würde, Entscheidungsfreiheit, Lebenschancen und Optionsvielfalt schützen, sichern und erweitern.

- Armut ist mit hoher politischer Präferenz zu bekämpfen, da sie die individuelle Autonomie und die Würde des Menschen beschädigen kann.

- Armut ist zudem auf andere Generationen übertragbar und schafft so eine dynastische Armutsspirale

- Das Leitcredo von subsidiär organisierter Solidarität muss die Leitlinie der „Hilfe zur Selbsthilfe" und nur in letzter Instanz Züge einer paternalistischen Fürsorge annehmen.

- Auf Grundlage dieser Prinzipien haben Merkel und Krück „5 Dimensionen der sozialen Gerechtigkeit" erstellt, denen im Folgenden die aktuellsten Werte des Staates Namibia zugeordnet wurden.

| Indikatoren sozialer Gerechtigkeit[26] | | |
|---|---|---|
| Dimension | Indikator | Namibia |
| Vermeidung von Armut im substantiellen Sinne | Untergewicht bei Kindern | 60.4 Jahre |
| | Unterernährung | 24% (37 von 132) |
| | Kindersterblichkeit | 70 von 1.000 (36 von 179) |
| | Lebenserwartung | 49.89 Jahre (206 von 226) |
| Soziale Chancen durch Bildung | Bildungsausgaben | 7.2% (18th of 132) |
| | Anteil der Studierenden | 6.9 per 1,000 people (125 von 188) |
| | UN-Education-Index | 0.808 (110 von 176) |
| Soziale Chancen durch integrativen Markt | GINI-Index | 74.33 (1 von 140) |
| | Erwerbsquote | 56.31 % (170 von 184) |
| | Ökonomische Abhängigkeitsquote | 639/1000 |
| Berücksichtigung der besonderen Rolle der Frau | Female Economy Activity Rate | 53,7 % (70 von 156) |
| | Höhere Bildung | 102,2 % (80 von 175) |
| | Alphabetisierungsrate | 98,6 % (46 von 145) |
| Soziale Sicherung | Gesundheitsausgaben | 6,8 % (68 von 188) |
| | Sozialausgaben | 3,9 % |

---

[25] Merkel, Krück 2004: 93 ff.

[26] Werte stammen von: http://www.nationmaster.com/index.php

Folgt man den Leitlinien der Autoren und vergleicht diese mit den in diesem Abschnitt beobachteten Strukturen Namibias und den Werten der Sozialen Gerechtigkeits – Indikatoren, so wird evident, dass Namibia zwar viel in öffentliche Einrichtungen investiert, allerdings ein Teil der Bevölkerung von der gesellschaftlich, bürgerlichen Beteiligung exkludiert wird.

Mittelfristig werden die Menschen aufgrund ihrer Umstände entweder revoltieren oder im Sinne des soziologischen Klassikers „Die Arbeitslosen von Marienthal"[27] in passiver Resignation verharren. Aufgrund der vorgestellten Dilemmata macht die nationale Steuerbehörde NAMTAX im Jahr 2002 einen bisher einzigartigen Vorschlag: Die Einführung eines Bedingungslosen Grundeinkommens auf gesamtstaatlicher Ebene[28]. Der Werdegang dieser  Entwicklung um das staatliche Grundeinkommen wird im abschließenden Abschnitt erläutert. Im Folgenden werden Inhalt und Output des Pilotprojektes um das BGE genauer erforscht.

# 3.  Das Grundeinkommen in Otjevero/Namibia

Nachdem das Projekt eingangs dieser Arbeit schon eingeleitet wurde, soll nun anhand der speziellen gesellschaftlichen Faktoren ein Vorher – Nacher – Vergleich gezogen werden, der beleuchten soll, wie sich die Einführung des Grundeinkommens 2008 auf die Bereiche Kriminalität/Alkohol, Armut, Hunger und Unterernährung, Gesundheit und Bildung ausgewirkt hat. Die Ausführungen beziehen sich auf den Assessment Report der Initiatoren, welcher im April 2009 erschienen ist. Die Evaluierung wurde von der United Nations Commission for Social Development überprüft und für gültig und zutreffend befunden. Infolgedessen erhielt das Projekt von diesem Komitee das Prädikat „best practice model".[29]

Für die Durchführung des Pilotprojektes wurde das Dorf Otjivero im Bezirk Omitara ausgewählt, einhundert Kilometer westlich von der Hauptstadt Windhuk gelegen. Fast eintausend Einwohner, abzüglich der Menschen über 60, die weiterhin die staatliche garantierte Rente erhielten, bekamen für zwei Jahre das Grundeinkommen von monatlich 100N$. Otiverjo wurde aufgrund seiner

---

[27]Jahoda, Lazarsfeld, Zeisel(1933): Die Arbeitslosen von Marienthal. Ein soziographischer Versuch über die Wirkungen langandauernder Arbeitslosigkeit
[28] http://www.bignam.org/
[29] Krahe 2009

Überschaubarkeit, aber auch aufgrund seiner unterdurchschnittlichen Wirtschaft- und Sozialstruktur ausgewählt.[30]

## a. Auszahlungsmethodik

Die Auszahlung des Grundeinkommens erfolgt mittels einer sogenannten Smart-Card, die man als multifunktionalen Personalausweis verstehen kann. Auf dieser Karte ist neben den Daten zur Person auch der Fingerabdruck gespeichert, der zur genauen Identifikation der Person dient. Somit ist selbst bei Verlust der Smart-Card eine Auszahlung des BIG gewährleistet. Eine solche Form der Smart-Card existiert in Namibia bereits für Rentenbezugsberechtigte Personen ab 60 Jahren. Kinder erhalten das Geld über einen Erziehungsberechtigten, der das Geld verwaltet und auf den Smart Cards der Kinder registriert ist. Zusätzlich ist auf dieser Karte ein Bank-Account für die entsprechende Person eingerichtet, auf dem das Geld von Seiten der Organisation eingezahlt wird. Am 15.Tag jedes Monats erhält jede Person des Dorfes die 100N$, die mithilfe des Fingerabdrucks und der Karte „abgehoben" werden können.[31]

## b. Der Teufelskreis der Armut

Jeffrey Sachs[32] und Franz Nuscheler[33] beschreiben vortrefflich, dass die Befreiung aus der Armut nicht über die Förderung  einzelner Sozialcluster zu erreichen ist, da sich die Grundbedürfnisse des Menschen und die daraus resultierende wirtschaftliche Leistungsfähigkeit gegenseitig bedingen. Mit eigenen Worten: Eine ausschließliche Förderung des Bildungssektors als wirtschaftlicher Motor, bei gleichzeitiger Nahrungsknappheit, kann nicht zum Erfolg führen, da Menschen mit leerem Magen nicht in der Lage sind vernünftig zu studieren. Um die Worte Franz Nuschelers zu gebrauchen: „Männer und Frauen waren krank, weil sie arm waren; sie wurden ärmer, weil sie krank waren."[34] Diese interdependente Struktur wird als „Teufelskreis der Armut" beschrieben. Das daraus resultierende Fazit lautet: Nur eine umfassende Grundversorgung kann die Menschen aus dieser Armutsspirale befreien. So entfallen auch die Opportunitätskosten zur Erfüllung der persönlichen Versorgungsleisten in einzelnen Bereichen, wie beispielsweise in der Sicherstellung der Nahrungssicherheit. Diese „Kosten" verringern die Leistungsfähigkeit in den Bereichen der Produktionen und Investitionen enorm. Im Folgenden soll anhand der Ergebnisse des Grundeinkommensprojektes in Otjivero aufgezeigt werden, inwieweit die Schlüsselfaktoren des Armutskreises verbessert werden. Die Ergebnisse zeigen gar, wie durch das bedingungslose

---

[30] BIG Assesment Report 2009: 19,32
[31] BIG Assesment Report 2009: 21f.
[32] Sachs 2005
[33] Nuscheler 2006: 193
[34] Nuscheler 2006: 230

Grundeinkommen nicht nur eine Grundversorgung gewährleistet wird, sondern Grundversorgung, Produktionen und Investitionen einander bedingen.

## c. Hunger

Der BIG Assessment Report vom April 2009[35] zeigt auf, dass im November 2007 73% der Haushalte schon einmal ohne genügend Nahrungsmittel auskommen mussten. 20 % der Menschen in Otjivero hatten noch keine Berührungspunkte mit Lebensmittelknappheit, während 30% der Menschen täglich und 39% mindestens einmal wöchentlich um die Beschaffung von Nahrung kämpfen. 48% der Bewohner fragen aus Lebensmittelknappheit Freunde und Verwandte um Hilfe. Die Krankenschwester des Dorfes bringt es mit einfachen Worten auf den Punkt: „People borrow from each other to survive". 42% der Kinder im Dorf gelten als unterernährt. Am stärksten sind die HIV-Infizierten Kinder davon betroffen.

Mit der Einführung des bedingungslosen Grundeinkommens konnte die Nahrungsmittelsituation verbessert, bzw. Hunger fast gänzlich beseitigt werden, was die BIGNAM als den größten Erfolg des Projektes verbucht. Gerade bei den Kindern wird dies besonders deutlich, da sich die Zahl der unternährten Kinder in einem Zeitraum von anderthalb Jahren seit Beginn des Projektes auf 10% reduzierte. Zusätzlich muss bedacht werden, dass dies vorrangig die Otjivero-Immigranten betrifft, die keine Zahlungen erhalten, aber dennoch im Sinne eines „trickle-down" von dem ökonomischen Aufstieg der anderen Dorfbewohnern profitieren möchten.

Gerade der Bereich „Hunger" zeigt deutlich die Verkettung hinsichtlich der Wirksamkeit einzelner Teilbereiche auf. Die Abwesenheit von Hunger reduziert, wie im nächsten Kapitel ersichtlich wird, kriminelle Nothandlungen, resultierend aus dem täglichen Kampf in der Überlebensökonomie.
Zudem gestaltet sich auch der Gesundheitsbereich effizienter, da ARV-Medikamente zur Eindämmung des HI-Viruses nur ihre volle Wirkung entfachen, wenn eine geregelte Nahrungsaufnahme erfolgt und ein gewisses Maß an Nährstoffen aufgenommen werden.[36]

Wie bereits im vergangenen Abschnitt erwähnt ist auch im Bildungsbereich eine ausreichende Zufuhr an Nahrung erforderlich, um schulische Leistungen zu befördern.
Des Weiteren haben einige Einwohner das Geld genutzt um kleine „Small-businesses" im tertiären Bereich zu eröffnen, die sich um den Verkauf von Nahrungsmitteln kümmern. Die vier folgenden Beispiele aus dem BIG-Report sollen eine Vorstellung vom Ablauf der Small-Bussinesses geben.

---

[35] BIG Assesment Report 2009: 50f.
[36] Haarmann, in Exner 2007: 248

*"The introduction of the BIG made it possible for me to start my tuck shop. It is a very small business but people support it a lot... I mostly sell sugar, tea, maize meal, sweets and popcorn. We make about N\$ 800 – 1000 per month. I also sell self-made materials for donkey carts. I buy my stock in Gobabis, travelling on the train"* (Alfred !Nuseb)

*"I started my tuck-shop in August this year (2008) after the introduction of the BIG. The BIG came to our place like a miracle, and I will constantly thank God for his grace. The BIG made it possible for me to start a business I never dreamed of. Now I am able to sell food, soft drinks and a bit of alcohol. My profit per month is about 800.00 to 1000.00. I believe, by giving this money to all Namibians will also force the young people like me to start using their skills and talents"* (April Isaacs)

*"After the introduction of the BIG I started my business. I bake traditional bread every day. I bake100 rolls per day and sell each for one dollar... I make a profit of about N\$ 400 per month. My business is good and I believe that it will grow. The only problem that I have is the lack of fire wood. It is often hard to get wood. But I made an application for additional help to the government in order to expand my business"* (Frieda Nembwaya)

*"I started my business of making ice lollies right after the BIG started.... The demand for ice lollies Is big because I make the biggest ice lollies in the settlement. I sell one ice lolly for 50 cents and I make 50 a day... With the BIG, people have money to spend, that is why I make the ice lollies"* (Belinda Beukes).

Wenn man sich die Erfahrungen der vier Einzelpersonen betrachtet, werden meiner Ansicht nach verschiedene Aspekte evident:

1. Die Nahrungssicherheit kann durch die Bürger selbst gewährleistet werden. Vor der Einführung des BIG mussten die Menschen versuchen Subsistenzwirtschaft zu betreiben. Jetzt haben sie die Möglichkeit in der Weiter – und Endverarbeitung der Nahrungsmittel tätig zu werden, wie das beispielsweise bei Bäckersfrau Frieda Nembwaya der Fall ist. So steigert sich auch die Vielfalt des Nahrungsmittelangebotes.

2. Einwohner, die kein Interesse in der Herstellung von Nahrungsmitteln hegen, müssen ab sofort keine Subsistenzwirtschaft mehr betreiben, um das eigene Überleben zu gewährleisten, sondern können in anderen Bereichen tätig werden, denn...

3. ... die Menschen können für die Nahrungsmittel bezahlen. Somit verschwinden für die Menschen die Opportunitätskosten, die sie zur Beseitigung von Hunger aufbringen müssen.

4. Der Verkauf der Nahrungsmittel generiert wiederum zusätzliches Einkommen, dass den „neuen" Start-Up-Unternehmern die Möglichkeit gibt, weitere Investitionen zu tätigen.

## d. Alkohol/ Kriminalität

Ein weitreichendes Argument gegen die Einführung eines BGE ist die Annahme, dass gerade arme Menschen in Besitz eines „geschenkten Einkommens" dazu neigen, ihr Geld für den Genuss von

Alkohol zu verbrauchen. Der BIGNAM Assesment Report[37] räumt ein, dass es nach den ersten Auszahlungen ein leichter Konsumanstieg zu erkennen war, der sich dann wieder als leicht rückläufig erwies, sodass hinsichtlich einer Gesamtbetrachtung keine erhebliche Veränderung des Alkoholkonsumverhaltens zu erkennen ist. Damit ist der Einwand zwar berechtigt, dass Menschen ihr Grundeinkommen teilweise für Alkohol ausgeben, ihnen jetzt aber anderweitig mehr Geld zur Verfügung steht. Alkoholproblematiken können so also nicht pauschal auf das Grundeinkommen zurückgeführt werden und gehören demnach in eine andere Diskussionskategorie. Das Ausschenken von Alkohol am Tag der Auszahlung des Grundeinkommens ist untersagt. Außerdem hat sich eine Art „Shaming and Blaming-System" etabliert, eine Art informelle Kontrolle seitens der Dorfbewohner, die automatisch darauf achten, dass das Geld gewissenhaft verwendet wird.

Bezüglich der Kriminalitätsrate ist schon mit dem Beginn der Einführung des Grundeinkommens im Januar 2007 bis zum Oktober des gleichen Jahres ein Absenken der Rate um 36,5 % im Vergleich zum Untersuchungszeitraum des Vorjahres festzustellen. Hierbei muss auch wieder die schon beschriebene, massive Ansiedlung von  Menschen im Dorf berücksichtigt werden, die nicht bei der Vergabe des BGEs berücksichtigt wurden. Denn hier ließe sich im gleichen Zeitraum ein Anstieg der Kriminalität vermuten. Deutlich wird dabei, dass gerade die Formen der Kriminalität eingedämmt werden konnten, die in einem Versorgungszusammenhang stehen und zumeist aus der Not heraus verübt werden. So konnten Fälle des Viehdiebstahls erheblich eingedämmt und Fälle in Bezug auf „Wilderei" und „unerlaubtes Betreten von Grundstücken" bis auf einen einzigen Fall gar eliminiert werden.[38] Bei der Betrachtung der Gewaltverbrechen ist nur ein marginaler Rückgang zu verzeichnen. .

### e. Gesundheit/HIV-Aids

Der Gesundheitssektor macht deutlich, inwieweit auch nichtmessbare Werte wie „Souveränität" und „Selbstachtung" von entscheidender Bedeutung sind. Nach Angaben der Krankenschwester des Dorfes empfinden viele Menschen Scham eine Klinik aufzusuchen, da sie eine Behandlung von 4N$ nicht bezahlen können. In der Folge besuchen sie eine Klinik erst dann, wenn es ihnen schon sehr schlecht geht. Die Folge daraus ist, dass die Klinik kaum Geld einnimmt und somit sehr wenig Mittel zur Akquirierung von medizinischen Mitteln zur Verfügung steht.[39]

Mit der Einführung des Grundeinkommens können die Untersuchungen von den Patienten auch bezahlt werden, die nun regelmäßiger den Arzt aufsuchen. So konnten auch gefährliche

---

[37] BIG Assesment Report 2009: 42ff.
[38] Vergleich: 20 Fälle im Vorjahr
[39] BIG Assesment Report 2009: 57

Durchfallerkrankungen stark eingedämmt werden. Der Verbund mit der verbesserten Situation im Segment „Nahrung" konnte so auch zu einer erheblichen Steigerung in der Lebensqualität beitragen.

HIV ist die größte Herausforderung im medizinischen Bereich in Otjivero.[40] 78% der Haushalte haben in den letzten zwei Jahren mindesten einen Menschen durch AIDS verloren. Die Behandlung der Krankheit erfolgt in Gobabis. Um dorthin zu kommen ist eine Summe von 70-100 N§ für das Taxi fällig, was wiederum illegale Machenschaften fördert. Hierbei wird der Zusammenhang von Kriminalität und Gesundheit deutlich und kommt auch in der armutsbedingten Prostitution zum Ausdruck, die das HIV/Aids-Problem erheblich verstärkt. Dies kann man auch als „individuelles Gefangenendilemma" bezeichnen[41], da Menschen durch ihren bloßen Überlebenskampf gezwungen sind, existenzgefährdend zu handeln.

Mit der Einführung des BIG wurde die Bildung und die Aufklärung deutlich verbessert, wodurch sich viele Menschen jetzt auch regelmäßigen Kontrollen unterziehen. Dies liegt wohl aber auch am BIG-Team, das den Menschen auch beratend zur Seite stand. Einmal wöchentlich kommt jetzt auch angezogen vom BIG ein Arzt aus Gobabis ins Dorf, wodurch sich die Bewohner die Transportkosten sparen und folglich die Zahl der mit ARVs (= Anti-Retroviral Treatment) behandelten Patienten um das Zwölffache stieg. Die HIV-Infizierten Menschen selbst begreifen das Geld als „blessed money" und können sich Kleidung kaufen, Schulgebühren zahlen und das Haus reparieren.[42]

## f. Bildung

Die Schulbildung stellt ebenfalls einen großen Eckpfeiler innerhalb des Armutkreislaufs dar und die Entwicklungsstruktur in diesem Sektor durch die Veränderungen, die durch das Grundeinkommen herbeigeführt wurde, ähnelt jener der schon beschriebenen Bereiche.

Die seit 1996 in Otjivero bestehende Grundschule stellt einen typischen Verlauf von armutsdominierenden Regionen dar. Nur ca. die Hälfte aller schulpflichtigen Kinder besuchen die Schule, da sich die Eltern das Schulgeld nicht leisten können. Viele haben eine Scheu ihre Kinder zur Schule zu schicken, obwohl sie nicht die monetären Mittel aufbringen können oder wenn sie ihre Kinder bei der Nahrungssicherung benötigen. 21% der Kinder fallen aus gesundheitlichen Gründen dauerhaft aus. Das führt zum finanziellen Desaster der Schule, da sie kaum über finanzielle Ressourcen verfügt und keine Möglichkeit hat, die Qualität der Schulbildung zu verbessern. Zudem

---

[40] BIG Assesment Report 2009: 58ff.
[41] Haarmann, in Exner 2007: 248
[42] BIG Assesment Report 2009: 62

herrscht eine schlechte Lebensmittelversorgung, da es selten Fleisch, Obst oder Gemüse zur Verfügung stehen.

Die Aufstiegschancen im Bildungsbereich sind folglich schlecht und die Wahrscheinlichkeit eines Abschlusses liegt bei 40%

Durch die Einführung des Grundeinkommens konnten die Schulgebühren zu 90% gedeckt werden, die Schulausfallquote ist bereits im November 2008 auf 0% gesunken. Anfang 2009 haben zum ersten Mal überhaupt neun Schüler auf einmal die 7. Klasse abgeschlossen. Die Eltern haben zudem die notwendigen Mittel, um ihre Kinder mit Schuluniformen und Schuhen auszustatten.[43]

# 4. Ist eine Kopplung der Konzepte des Grundeinkommens und der Mikrofinanzierung möglich?

Grundeinkommen und Mikrofinanzierung sind zwei verschiedene Formen der „Hilfe zu Selbsthilfe", die primär verschieden sind, sich aber vielleicht gegenseitig unterstützen könnten. Die Konzeption der Mikrofinanzierung zielt auf die Vergabe von Kleinkrediten an Kleinst-, Klein- oder gar mittelständischen Unternehmern. Diese speziellen Finanzinstitutionen gewähren dem Mikrounternehmer die Möglichkeit, sich, beziehungsweise seine Familie aus dem Schatten der Subsistenzwirtschaft zu befreien. Den Ärmeren Menschen soll durch die Investitions- und Sparmöglichkeiten ein langfristiger Zugang zu den Finanzmärkten eröffnet werden, während die öffentlichen Kassen keine Belastungen tragen müssen.[44]

Die Schaffung von Sparvermögen dient bei beiden Ansätzen als Prämisse. Koblige vom Deutschen Entwicklungsdienst stellt 4 Punkte zur Disposition, die für ein günstiges Sparumfeld von großer Bedeutung sind[45]:

1. Eine anhaltende politische, wirtschaftliche und soziale Stabilität in einem Land,
2. die Existenz regelmäßiger Einkommen oder zumindest periodischer Überschüsse für potenzielle Sparer,
3. dass diese über Kenntnisse bzgl. Möglichkeiten und Formen des Sparens verfügen,

---

[43] BIG Assesment Report 2009: 63ff.
[44] Terberger 2002
[45] Koblige 2003: 8

4. ein erleichterter Zugang zu traditionellen Sparformen und /oder modernen, formellen Mikrofinanzorganisationen, die Existenz Erhöhung oder Aufrechterhaltung einer gewissen Spardisziplin (techn. Vorkehrungen, sozialer Druck durch mobilen Geldeintreiber

Bei der Betrachtung dieser Punkte, insbesondere Punkt 2 wird offenkundig, dass die beiden Konzepte sich gegenseitig bedingen können. Denn die Vergabe periodischer Kredite, als große Stärke der Mikrofinanzierung gepriesen, kann sich auch als Schwäche entpuppen, wenn etwaige Zwischenfälle wie Missernten, Krankheitsausfälle oder andere Unglücksfälle eine weitere Investition in das „own-business" unmöglich machen.[46] Hier kann eine Absicherung durch ein Grundeinkommen helfen, die Kreditwürdigkeit des Klienten gegenüber der Bank dauerhaft zu garantieren. Ein persönlicher Rückschlag wäre für den Einzelnen demnach noch nicht gleichbedeutend mit dem Rückschritt in die Armutsfalle.[47]

Diese im vorangegangenen Teil schon beschriebene Falle bildet auch den Rahmen für ein weiteres Hindernis der Mikrofinanzierung, dass durch das Grundeinkommen ausgeräumt werden kann: Viele Menschen, gerade auf dem afrikanischen Kontinent verwenden die Einnahmen aus den Krediten der Mikrofinanzinstitute um ihre eigenen Konsumausgaben zu decken und ihre Nahrungssicherheit zu gewährleisten.[48] Die Möglichkeit des Geldsparens ist allein wegen der hohen Lebenserhaltungskosten *de facto* nicht gegeben. Konsumausgaben könnten aber von einem Grundeinkommen gedeckt werden, die vergebenen Kredite der Mikrofinanzinstitute ausschließlich, egal in welcher Form, in die Zukunft investiert werden. Das gewährt der Bank wiederum auch die Sicherheit, dass der Fall der Konsumdeckung durch Kredite nicht mehr ein allzu großes Gefahrenpotential für die Kreditwürdigkeit des Klienten darstellt.

Eine dauerhafte Liquidität durch das Grundeinkommen würde auch den Kritikpunkt an der Mikrofinanzierung aus dem Weg räumen, dass die Vergabe dieser Kredite nicht für die Ärmsten der Armen gedacht sei, denen es gerade an Einkommen mangelt. Vielmehr werden Haushalte bedient, die über das Potenzial zur Rückzahlung verfügen. Allein dadurch zählen Mikrofinanzkunden zu den Begünstigteren unter den Armen.[49] Lena Giesbert, wissenschaftliche Mitarbeiterin beim GIGA-Institut in Hamburg spricht über diese Form der Mikrofinanzierung gar von einer fehlenden Wirtschaftlichkeit der Armutsverringerung im Vergleich zu anderen Alternativen. Effizienter scheinen

---

[46] Sachs 2005: 283
[47] Sachs 2005: 302
[48] Giesbert 2008: 3
[49] Terberger 2002

ihrer Meinung nach mittelfristig eher direkte sozialstaatliche Maßnahmen oder die Finanzierung von Grundversorgung.[50]

Das individuelle Umfeld des Kreditnehmers darf bei der Betrachtung der Investitionschancen bei einer Gründung von einem Kleinstunternehmen nicht außer Acht gelassen werden. Simpel ausgedrückt stellt sich die Frage ob es sich in unserem Beispiel für die Bäckerin Frieda Nembwaya überhaupt gelohnt hätte auf der Basis von Mikrokrediten in die Anschaffung eines Backofens zu investieren. Denn letztlich stellt sich in diesem einen Beispiel die entscheidende Frage: Wer hätte denn im Dorf das Geld, um Frau Nembwayas Brote kaufen zu können? Wenn also ein Wirtschaftskreislauf zu Stande kommen soll, genügt es nicht, wenn es nur eine Einzelperson gibt, die über entsprechendes Kapital verfügen.

Ein abschließender Punkt betrifft die Schaffung des Zugangs zu Finanzdienstleistungen auf administrativer und logistischer Ebene. Mikrofinanzinstitute sind keineswegs Wohltäter, sondern ebenfalls gewinn- und profitorientiert. Demnach sind großflächige und regionale Errichtungen von Mikrofinanzinstituten kostspielig und oft nicht lukrativ.[51] Allerdings wäre mit dem Grundeinkommen eine regionale Einrichtung gar nicht notwendig, da die Menschen die Mittel hätten auch überregionale aufgestellte Anlaufstellen der Mikrofinanzinstitute zu erreichen. In einem völlig verarmten Dorf, so zeigen die Beispiele aus Otjivero, ist kaum jemand in der Lage die nötigen Transportkosten aufzubringen, um in die nächstgrößere und doch weit entfernte Stadt zu fahren. Dieser Zustand wäre durch das Grundeinkommen revidiert und dies würde auch den Mikrofinanzinstituten die Möglichkeiten bieten, sich lukrativ und gewinnbringend zu „positionieren".

## 5. Der Lebensweg des Grundeinkommens in Namibia... Ist eine Umsetzung möglich? Abschließende Betrachtung

Das Pilotprojekt in Otivero hat großes Aufsehen erregt und gezeigt, dass das Modell des Grundeinkommens als Entwicklungsalternative durchaus brauchbar ist. Dennoch muss man konstituieren, dass die Einführung eines Grundeinkommens auf gesamtstaatlicher Ebene ein weitreichender Schritt ist. Denn wenn ein solches Wohlfahrtskonzept erst einmal ins Leben gerufen und eingeführt wurde, lässt es sich nur sehr schwer umkehrbar machen, da eine deflationäre Politik

---

[50] Giesbert 2008: 7
[51] Terberger 2002

der Einsparung und der Streichung nur sehr schwer gegenüber der eigenen Bevölkerung zu legitimieren ist.[52] Die Gefahr des Ansehensverlustes aufgrund des Scheiterns eines solchen Projektes ist groß und für die mit einer komfortablen 2/3-Mehrheit regierenden SWAPO zu riskant.

Dennoch muss an dieser Stelle drauf hingewiesen werden, dass das Grundeinkommen kein Entwicklungshilfeprojekt westlicher Geber sein soll. Der Pilotversuch wurde zwar auch von deutschen Trägern, wie der Friedrich-Ebert-Stiftung, Brot für die Welt und vor allem den Evangelischen Kirchen des Rheinlandes mitgetragen[53], dennoch geht die Initiative auf die nationale Steuerbehörde NAMTAX und damit auf die staatliche Ebene zurück. Das Finanzkonsortium stützte sich dabei auf Initiativen von zivilgesellschaftlichen Vereinigungen und Debatten zum bedingungslosen Grundeinkommen die bereits in Südafrika zuvor stattfanden. Somit lassen sich die Überlegungen zu Namibia auch auf den Gastgeber der Fussballweltmeisterschaft 2010 zurückführen, zumal die politischen und sozioökonomischen Strukturen denen Namibias sehr ähneln.

Die Regierung lehnte den Vorschlag einerseits aufgrund der fehlenden Finanzierbarkeit und andererseits aufgrund der spekulierten, zunehmenden „Untätigkeit" der Bevölkerung ab.

Die Finanzierung verläuft laut den Überlegungen der NAMTAX und der BIG-Coalition[54] (einem Zusammenschluss der wichtigsten zivilgesellschaftlichen Träger in Namibia, unter anderem der *Council of Churches in Namibia* (CCN), der *National Union of Namibian Workers* (NUNW) dem *Namibian NGO Forum* (NANGOF), *Namibia Network of AIDS Service Organisations* (NANASO) in drei simultan ablaufenden Schritten:[55]

1. einer Anhebung der Progressivsteuer: Jeder Bürger in Namibia bis 60 Jahren erhält das Grundeinkommen. Jedoch würden Bürger des Mittelstands aufgrund der erhöhten Progressivsteuer quasi kein Grundeinkommen erhalten und reiche Menschen eine Mehrbelastung durch die Einführung des Grundeinkommens haben.
2. Steuererhöhungen entweder innerhalb der Konsumsteuer um 6,5% oder erhöhten Steuern auf Luxusgütern wie Autos, Tabak und Alkohol.
3. Eine veränderte Prioritätensetzung im Staatshaushalt

---

[52] Rüb 2004: 16
[53] AZ vom 28.04.2010
[54] http://www.bignam.org/page3.html
[55] BIG Resource Book 2005: 21 ff.

Die Regierung bezog sich in ihrer Haltung auch lange auf die Fehleinschätzungen des Internationalen Währungsfond, der nur die Mehrbelastungen durch ein Grundeinkommen berechnet hat, dabei aber die Finanzierungsoptionen nicht einkalkuliert hat.[56]

Es ließen sich an dieser Stelle auch andere Finanzierungsmöglichkeiten finden und die BIG Coalition zeigt sich diesbezüglich offen in der Ausgestaltung. Beispielsweise könnten auch die Gewinne aus der Fischerzeugung und der Diamantengewinnung zur Finanzierung verwendet werden. Eine Finanzierung eines Grundeinkommens auf Grundlage der Ressourcengewinnung ist beispielsweise in der Mongolei geplant, das aufgrund kürzlich entdeckter Ölquellen ein Grundeinkommen für seine Bürger einführen und finanzieren möchte.[57] Auch in Brasilien gibt es Ansätze zur Einführung eines Grundeinkommens, da aber mit bedingtem und armutsreduzierten Charakter.

Mit dem im Jahr 2007 geplanten und ab Januar 2008 begonnenen Pilotprojekt in Otjivero, wollte die BIG Coalition den Kritikern beweisen, dass ein Grundeinkommen von den Menschen eher als Handlungschance und weniger als „soziale Hängematte" begriffen wird. Der aufgezeigte output des Projekts sollte ihnen Recht geben.

Das Projekt in Otivero wurde nicht wirklich beendet. Die BIG Coalition wollte zwar eigentlich die Zahlungen mit dem Argument „das die Regierung ja eigentlich die Verantwortung für diese Bürger trage" einstellen, dennoch wollte man den Rückfall in die Armutsspirale nicht riskieren und führt die Zahlungen mit einem verminderten Beitrag von 80N$ pro Person fort.[58]

Nachdem Projekt hat man sich vor allem um die Lobbyarbeit bemüht, um eine gesamtstaatliche Einführung voranzutreiben. Immerhin gab es Teilerfolge, da sich die Regierungspartei der SWAPO für einen offenen Dialog aussprach und die Parteien der CoD, Nudo und Swanu haben das Bedingungslose Grundeinkommen in ihr Parteiprogramm übernommen, konnten aber bei den Parlamentswahlen im Jahr 2009 zusammen nur 4 Sitze im Parlament erringen.[59]

Den größten Fortschritt konnte man wohl Ende April 2010 verzeichnen, als man Hage Geingob, den ehemaligen Premierminister und jetzigen Wirtschaftsminister von der Regierungspartei als Fürsprecher für das Projekt gewinnen konnte.[60] Damit zeigt sich, dass auch ein innerparteilicher Dialog bei der SWAPO vorhanden ist. Anders, als durch einen Reformversuch aus den Reihen der SWAPO ist eine landesweite Einführung kurz- und mittelfristig auch nicht möglich.

---

[56] Haarmann, in: Exner 2007: 248
[57] Bloomberg News vom 11.September 2009
[58] http://www.youtube.com/watch?v=C9CB0vPpNZI
[59] http://www.youtube.com/watch?v=SMykVqFPzCA
[60] AZ Artikel vom 29.04.2010

Allerdings liegt die größte Überzeugungsnotwendigkeit in der Überzeugung des Staatspräsidenten Hifikepunye Pohamba. Und der nahm  bislang eine eher ablehnende Haltung gegenüber dem Grundeinkommen ein. Er äußerte die Bedenken, dass Grundeinkommensauszahlungen als „Ausnutzung derjenigen die Arbeiten von denjenigen die nicht arbeiten"[61]. Die Regierungspartei zeigt sich mittlerweile gespalten. Die Allgemeine Zeitung Namibias bezweifelt in diesem Kontext, dass Namibia überhaupt in der Lage sei, ein solches Projekt organisatorisch zu stemmen, da es der Regierung nicht einmal gelingen würde, die gesamte Bevölkerung mit Personalausweisen zu versorgen.[62] Mit Sicherheit dürfte es wohl nur wenig Probleme bereiten, für solch ein Vorhaben internationale Partner zu gewinnen.

Ob mit Grundeinkommen oder ohne: Der Staat Namibia bietet im Grunde schon gute Voraussetzungen um der drastischen Armutslage zu begegnen, dennoch wurde sie bisher in keinster Weise hinreichend eingedämmt.

Auf der Mikro-Ebene wurde schon gezeigt, dass es sich als armutsüberwindendes Wohlfahrtssystem als tauglich erweist und nicht separat zu anderen Konzepten wie der Mikrofinanzierung stehen muss, da es scheinbar einen hohen Kompatibilitätsgrad hat. Letztlich wirkt es aktivierend auf die Wirtschaftstätigkeit der Menschen, die auch rein von der psychologischen Komponente her wieder ein neues Selbstbewusstsein und einen neuen Lebensmut finden.

Franz Nuscheler beschreibt, dass die Massenarmut nur mit der Befriedigung der elementaren Existenzbefriedigung beginnen kann. Allerdings könne dies nicht einfach in der Zauberformel „Befriedigung der Grundbedürfnisse" aufgelöst werden. Es gehe dabei aber nicht nur um die materielle Existenzsicherung, sondern auch um die Entfaltung von Fähigkeiten.[63]

Das Grundeinkommen bietet das Potenzial, diese Fähigkeiten zu entfesseln.

---

[61] AZ Artikel vom 29.04.2010
[62] AZ Artikel vom 28.05.2010
[63] Nuscheler 2006: 233

# Literaturverzeichnis
## Monographien, Berichte und Essays

*BIG Coalition (2009):* Making the difference! The BIG in NamibiaBasic Income Grant pilot project assessment report, April 2009. Windhoek Namibia: NANGOF.

*BIG Coalition/Haarmann, Claudia (2005):* Towards a basic income grant for all. The Basic Income Grant in Namibia Resource Book, June 2005. Windhoek, Namibia: NANGOF.

*Giesbert, Lena* : Magic Microfinance - bald auch eine Erfolgsgeschichte für Afrika?, GIGA-Institut für Afrikastudien, Hamburg 2008, online verfügbar unter: http://www.giga-hamburg.de/dl/download.php?d=/content/publikationen/pdf/gf_afrika_0809.pdf, zuletzt geprüft am 25.05.2010

*Haarmann, Dirk/Haarmann Claudia (2007):* Einkommenssicherheit statt Wohltätigkeit – Namibias Chance zur nachhaltigen Entwicklung. In: Exner, Andreas; Rätz, Werner; Zenker, Birgit (Hg.): Grundeinkommen. Soziale Sicherheit ohne Arbeit. 1. Aufl. Wien: Deuticke .

*Krück, Mirko/ Merkel Wolfgang (2004):* Soziale Gerechtigkeit und Demokratie. In: Croissant, Aurel (Hg.): Wohlfahrtsstaatliche Politik in jungen Demokratien. 1. Aufl. Wiesbaden: VS Verl. für Sozialwiss.

*Lessenich, Stephan (2009):* Das Grundeinkommen in der gesellschaftspolitischen Debatte. Expertise im Auftrag der Friedrich-Ebert-Stiftung, Bonn. März 2009. Bonn: Friedrich-Ebert-Stiftung Abt. Wirtschafts- und Sozialpolitik (WISO Diskurs - Expertisen und Dokumentationen zur Wirtschafts- und Sozialpolitik).

*Nuscheler, Franz (2006):* Entwicklungspolitik. Lizenzausg., [Nachdr.]. Bonn: Bundeszentrale für Politische Bildung (Schriftenreihe / Bundeszentrale für Politische Bildung, 488).

*Rüb, Friedbert (2004):* Demokratisierung, Konsolidierung und Wohlfahrtsstaat. In: Croissant, Aurel (Hg.): Wohlfahrtsstaatliche Politik in jungen Demokratien. 1. Aufl. Wiesbaden: VS Verl. für Sozialwiss.

*Sachs, Jeffrey D; Rennert, Udo; Schmidt, Thorsten (2005):* Das Ende der Armut. Ein ökonomisches Programm für eine gerechtere Welt. 2. Aufl. München: Siedler.

*Schillinger, Hubert René (2005)*: Poltische Parteien und Parteiensystem in Namibia, in: Politische Parteien in Afrika. Berichte der Friedrich-Ebert-Stiftung. online verfügbar unter: http://www.fesnam.org/pdf/pre2006/reports_publication/Namibia_Parteien05.pdf

*Schmidt, Manfred G. (2004):* Wohlfahrtsstaatliche Politik in jungen Demokratien. In: Croissant, Aurel (Hg.): Wohlfahrtsstaatliche Politik in jungen Demokratien. 1. Aufl. Wiesbaden: VS Verl. für Sozialwiss.

*Schneckener, Ulrich (2007):* Staatszerfall und Fragile Staatlichkeit. In: Ferdowsi, Mir A.; Dieter, Herbiert (Hg.): Weltprobleme. 6., vollständig überarb. Aufl., Lizenzausg. Bonn: Bundeszentrale für Politische Bildung (Schriftenreihe / Bundeszentrale für Politische Bildung, 642).

*Schubert, Klaus; Klein, Martina; Schubert-Klein (2007):* Das Politiklexikon. 4., aktualisierte Aufl. Bonn: Bundeszentrale für Politische Bildung (Schriftenreihe / Bundeszentrale für Politische Bildung, 497).

*Terberger, Eva*: Mikrofinanzierung: Allheilmittel gegen Armut? , 2002, online verfügbar unter: http://www.uni-heidelberg.de/presse/ruca/ruca3_2002/terberger.html, zuletzt geprüft am 25.05.2010

## Internetlinks

Zeitungsberichte, Videos, Indices

*Allgemeine Zeitung (29.04.2010):* Präsident lehnt BIG-Zahlung ab. Online verfügbar unter: http://www.az.com.na/lokales/prsident-lehnt-big-zahlung-ab.106116.php, Zuletzt geprüft am: 02.06.2010

*Allgemeine Zeitung (28.05.2010):* BIG-Debatte weiterführen. Online verfügbar unter: http://www.az.com.na/kommentar/big-debatte-weiterfhren.107597.php, Zuletzt geprüft am: 02.06.2010

*Allgemeine Zeitung (29.04.2010):* Keine Handouts. Online verfügbar unter: http://www.az.com.na/kommentar/keine-handouts.106134.php, Zuletzt geprüft am: 02.06.2010

Grundeinkommen gegen Armut und Krankheit (19.August 2009). Online verfügbar unter: http://www.youtube.com/watch?v=C9CB0vPpNZI, Zuletzt geprüft am: 03.06.2010

Krahe, Dialika (10.August 2009): A Basic Income Program in Otjivero. Online verfügbar unter: http://www.globalpolicy.org/home/211-development/48036-a-basic-income-program-in-otjivero.html , Zuletzt geprüft am: 03.06.2010

Renda Básica de Cidadania em Namíbia [África] (2.Januar 2010). Online verfügbar unter: http://www.youtube.com/watch?v=SMykVqFPzCA, Zuletzt geprüft am: 03.06.2010

*Weiland, Heribert: (2010).* 20 Jahre Unabhängigkeit. Namibia-Spezial in: Afrikapost - Magazin für Politik, Wirtschaft und Kultur 1/2010

http://www.bertelsmann-transformation-index.de/

http://www.bignam.org/

https://www.cia.gov//library/publications/the-world-factbook

http://www.freedomhouse.org/

http://www.fundforpeace.org

http://info.worldbank.org/governance/wgi/index.asp

http://www.mdgmonitor.org

http://www.nationmaster.com/

http://www.wechselkurse.de